**Martin Steger**

# Ergebnisse von Maßnahmen zur Eindämmung von Desertifikation im Indus-Tiefland

GRIN Verlag

**Bibliografische Information der Deutschen Nationalbibliothek:**

Die Deutsche Bibliothek verzeichnet diese Publikation in der Deutschen National-
bibliografie; detaillierte bibliografische Daten sind im Internet über http://dnb.d-
nb.de/ abrufbar.



**Impressum:**

Copyright © 2010 GRIN Verlag GmbH
Druck und Bindung: Books on Demand GmbH, Norderstedt Germany
ISBN: 978-3-656-27104-8

**Dieses Buch bei GRIN:**

http://www.grin.com/de/e-book/201096/ergebnisse-von-massnahmen-zur-eindaem-
mung-von-desertifikation-im-indus-tiefland

Ludwig–Maximilians–Universität München

Department für Geographie

WS 09/10

Hauptseminar „Ergebnisse von Maßnahmen zur Eindämmung von Desertifikation"

# „Ergebnisse von Maßnahmen zur Eindämmung von Desertifikation im Indus-Tiefland"

Martin Steger

Englisch / Erdkunde La Gym.

6

# Inhalt

# 1. Einleitung

Das Indus-Tiefland, das durch die Längengrade 72°33´ bis 79°50´ Nord und die Breitengrade 28°52´ bis 37°20´Nord begrenzt wird, ist die fruchtbarste und am dichtesten bevölkerte aride Gegend der Welt. (CENTRAL BOARD OF IRRIGATION AND POWER, 1992, S. 1) Abbildung 1 zeigt das System des Indus welches die Flüsse Indus, Jhelum, Chenab, Ravi, Beas und Sutlej umfasst und sich durch Teile der Länder Tibet, Afghanistan, Indien, und durch fast ganz Pakistan zieht.

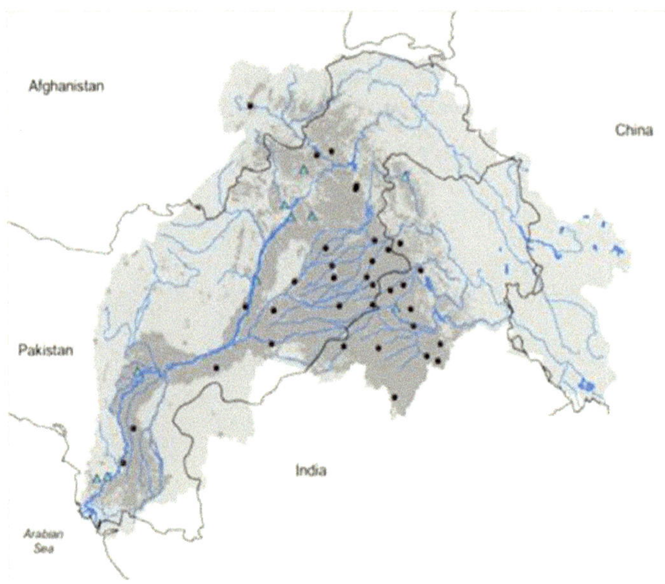


**Abbildung 1: Erstreckung des Indus-Tieflands**
(http://www.internationalhydropolitics.com/ Stand 16.02.2010)

Der Indus, der bekanntermaßen ein allochthoner Fluss ist und in Tibet entspringt, Schmelzwässer aus dem Himalaya, dem Karakorum und dem Hindukusch aufnimmt und sich dann seinen Weg durch Indien nach Pakistan und schließlich in das Arabische

Meer bahnt, ist die Lebensader und somit auch Namensgeber für diese Region.

Das Indus-Tiefland war über viele Jahrhunderte der Brotkorb des Indischen Subkontinents, in der vor allem Reis, Baumwolle und Mais als Kharif- (Sommer-)Früchte Weizen und Gerste Rabi- (Winter-) Früchte. Die Kharifkulturen wurden zunächst hauptsächlich durch den Niederschlag des Südwestmonsuns gespeist, während die Rabifrüchte auf die Bewässerung aus dem Indus angewiesen waren.

Der enorme Bevölkerungsanstieg im 20 Jahrhundert, vor allem in Pakistan, machte einen Ausbau des Bewässerungssystems dringend notwendig um eine ausreichende Versorgung zu gewährleisten. Lebten im Jahre 1901 noch 16 Millionen Menschen alleine in Pakistan, waren es 1981 bereits 83,8 und 2008 erfasste der Zensus offiziell 172,8 Millionen Menschen. Das Zusammenspiel aus arider Gegend und immer ausgeprägter werdender Bewässerung führte bald zu schweren Desertifikationserscheinungen. Der stete Ausbau des Bewässerungssystems kann in der Geschichte des Indus-Tieflandes erkannt werden. (Mullick, 1972, S. 332 - 337 )


## 2. Die Geschichte der Bewässerung im Indus-Tiefland

### 2.1. Bewässerung zwischen 1500 v. Chr. und 1819


Das Bewässerungssystem im Indus-Tiefland ist mit seinen 14,2 Millionen Hektar nicht nur das weltweit größte zusammenhängende, sondern auch das älteste System. (Wolff, 1996, S. 4) Schon etwa 1500 v.Chr. wurde von den Menschen der Indus-Tiefland Zivilisation aktiv Bewässerung betrieben. Diese wurde durch zusätzlich zum Niederschlag gefördertes Brunnenwasser, mit Hilfe von den in Abbildung 1 abgebildeten *Churus* oder *Persischen Rädern* bewerkstelligt. Beim *Persischen*

*Rad* wird eine Welle über ein Nutztier angetrieben wodurch ein Schleifensystem aus Tonkrügen oder Lederbeuteln Wasser aus dem Brunnen fördert. Beim Umkehren am höchsten Punkt wird das Wasser in eine Rinne gekippt, die dieses dann in die Bewässerungskanäle einleitet. Das *Churus* basiert ebenfalls auf der Nutzung von Tieren. Hierbei wird das Nutztier auf einer schiefen Ebene angetrieben, wobei es ein Seil strafft, das mit einem Eimer oder ähnlichem im Brunnen verbunden ist. Durch die Bewegung des Tieres wird der Eimer aus dem Brunnen gezogen und ein Bauer kann dann das Wasser aus dem Eimer in die Kanäle umfüllen. Im Gegensatz zum Persischen Rad jedoch benötigt man hier zusätzlich zu Tier und Tierführer noch einen weiteren Arbeiter.

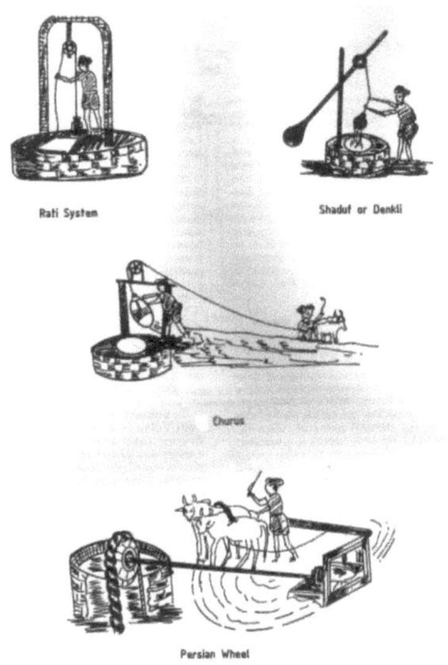


Abbildung 2: Rati System, Shaduf, Churus und Perisches Rad
*(CENTRAL BOARD OF IRRIGATION AND POWER, 1992, S. 10)*

Ebenfalls wurden *Shaduf* Systeme zur erleichterten Förderung von Wasser aus Brunnen genutzt, wie man sie Ägypten noch heute kennt. Diese *Shaduf* Systeme basieren auf einem Hebel mit einem Gewicht am Ende, wobei am anderen Ende des Hebels ein Krug zur Wasserförderung in den Brunnen getaucht wird. Hierbei soll die Anstrengung für die Bauern vermindert werden. Ein vereinfachtes Modell eines *Shaduf* kann in Abbildung 3 gesehen werden.

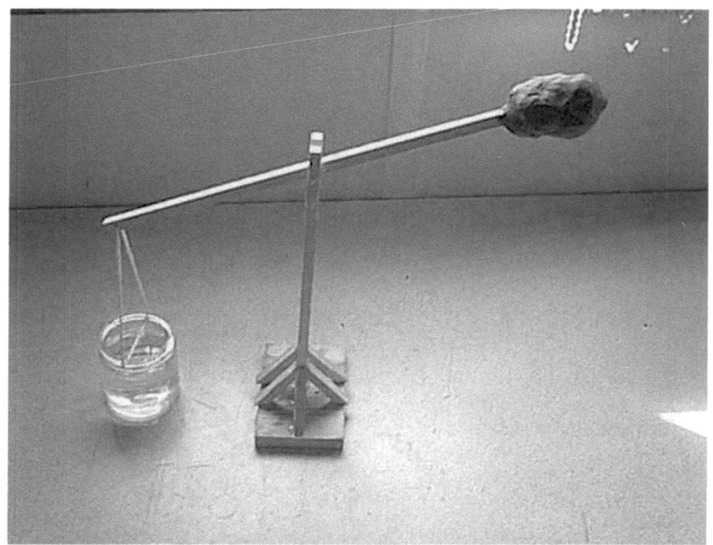

**Abbildung 3: Vereinfachte Darstellung eines Shadufs**

(http://www.wigmore-pri.hereford.sch.uk/images/Shaduf10.jpg Stand 16.02.2010)

Ein weiteres genutztes System zur Wasserförderung war das der *Qanate*, regional auch unter den Namen *Karez, Rhetara* oder *Foggara* bekannt. Wie in Abbildung 4 zu sehen ist werden hier in Hanglage Aquifere an gegraben, wodurch dann Wasser auf die Felder geleitet werden kann. Problematisch ist allerdings der Bau dieses Systems, da um den Wasserstollen aus zu schachten viele Baustollen nötig sind und diese nur unter extrem schweren Bedingungen in den Berg getrieben werden müssen. Durch die meist nicht vorhandenen oder nur äußerst primitiven Sicherheitsvorkehrungen ist der Bau der *Qanate* mit einem sehr großen Risiko für die Arbeiter verbunden, welche daher meist Sklaven waren. Ein weiterer Nachteil der *Qanate* besteht darin, dass man, ist der Aquifer erst einmal an gegraben, die Wasserzuführ nicht mehr oder nur noch durch Zerstörung des Systems stoppen kann.

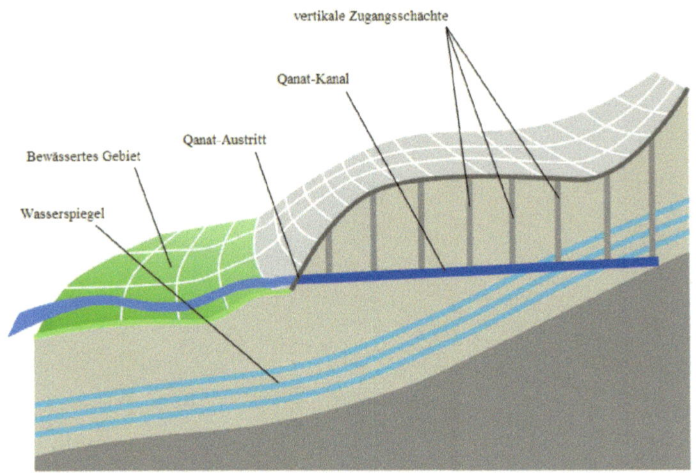


**Abbildung 4: Querschnitt durch ein Qanat**

(Verändert nach http://commons.wikimedia.org/wiki/File:Qanat-3.svg Stand 16.02.2010)

Mit steigernder Bevölkerung wurde jedoch die Nachfrage nach Wasser Im Indus-Tiefland immer größer und es wurden die ersten kleineren Bewässerungskanäle gegraben. Passiv wurden die Felder am Ufer des Indus durch die alljährlichen Überschwemmungen sowohl bewässert als auch durch den auf die Felder gespülten Schlamm gedüngt. (CENTRAL BOARD OF IRRIGATION AND POWER, 1992, S. 9 - 11)

Im Jahre 325 v.Chr. kam Alexander der Große, dessen Geschichtsschreiber das erste Mal ein ausgebautes System von Flutkanalbewässerung schriftlich niederschrieben. Diese Art der Bewässerung basierte auf der Verteilung des Wasserüberschusses über die Kanäle, die allerdings lediglich einfache Gräben waren, (Rahman, 1967, S.262

Später, während der arabischen Herrschaftsphase um 800 n. Chr. wurden diese Bewässerungssysteme dann erweitert und zweckentfremdet. Diese sollten hauptsächlich Wasser von den Flüssen Beas, Chenab, Ravi, Sutlej und dem Indus zu den Herrschersitzen, Gärten und Freizeitanwesen bringen. Jedoch sollten diese später den Grundstein für die Bewässerung der Felder des Indus-Tieflandes legen.


## 2.2. Ausbau des Bewässerungssystems unter britischer Herrschaft zwischen 1843 bis 1947

Die bereits zwischen 1500 v.Chr. und 1843 entstandenen Kanäle waren der Grundstein für die Fortschritte, die unter der britischen Herrschaft von 1843 bis1947 errungen wurden. All die Anstrengungen, die von den Briten während dieser Zeit in das Indus-Tiefland gesteckt wurden, waren freilich nicht aus humanitären Gründen entstanden. An vorderster Stelle sollte die Agrarnutzfläche vergrößert werden um zum Einen ein Mehr an Steuereinnahmen zu erwirken und zum Anderen den alljährlich eintretenden Hungersnöten durch erwirtschaftete Getreideüberschüsse entgegen wirken zu können. (Dettmann, 1972, S. 325) Daher wurde im Jahre 1849 das *Canal Department* gegründet, welches von nun an für den Ausbau und die Instandhaltung des Flutkanalsystems zuständig war. Zunächst wurden von diesem, in Phase I der Verbesserung der landwirtschaftlichen Nutzbarkeit des Landes, die bestehenden Überflutungskanäle verbessert und ausgebaut. Auch wurden bekannte Hilfsmittel wie die *Norias*, die Wasserschöpfräder, ausgebessert um den Wasserfluss nicht zu behindern. Die größten Projekte und der Fortschritt dieser Zeit können in Abbildung 2 gesehen werden, wie zum Beispiel der Bau des *Upper Bari Doab Canals*.

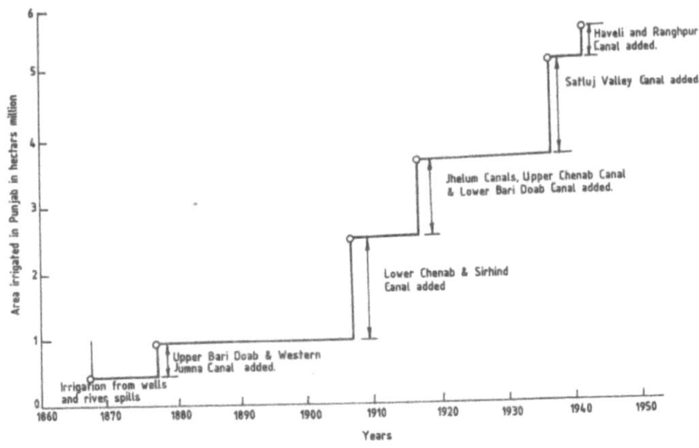


Abbildung 5: Verbesserung der Bewässerungsanlagen während der Britischen Herrschaft

*(CENTRAL BOARD OF IRRIGATION AND POWER, 1992, S .20)*

1849 wurde in Phase II beschlossen, dass der bereits mehrere hundert Jahre alte *Hansli Canal* durch den Neubau des *Upper Bari Doab Canal* ersetzt werden sollte. (CENTRAL BOARD OF IRRIGATION AND POWER, 1992, S. 19 – 22) Dieser sollte eine ganzjährige Bewässerung der Felder gewährleisten und man begann 1859 mit dem Bau. Der *Upper Bari Doab Canal* „der über das Ableitungsbauwerk *Madhopur* aus dem *Ravi River* mit Wasser beschickt wurde" (Wolff, 1996, S. 6) war der erste von vielen Kanälen und Wehren aus den Flüssen des Fünfstromlands, Ravi, Sutlej, Chenab, Jhelum und Beas. Um 1900 gab es in der Provinz Punjab etwa 2 Millionen Hektar bewässerte Fläche; Dies entspricht in etwa der Landesfläche Sloweniens oder Hessens, welches zu

Vergleichszecken auf der Deutschlandkarte in Abbildung 5 gesehen werden kann (Wolff, 1996, S. 6)

**Abbildung 6: Hessen in Deutschland**

(Britannica 2010, Hessen, 2010)

1902 wurden Untersuchungen angestellt, „mit welchen Mitteln und Möglichkeiten man das Bewässerungssystem erweitern und modernisieren könnte" (Rahman, 1967, S. 263). Hierbei kam man zu dem Ergebnis, dass künstliche Uferdämme an den beiden Seiten des Indus, sowie der Bau des *Sukkur*-Verteilerdammes zu einer ganzjährig möglichen Bewässerung führen können. 1932 wurde der 1,6km lange Damm fertiggestellt. Er gehört noch heute zu größten Staudämmen der Welt und der von ihm abgehende *Eastern Nara Canal*, der circa 1,5mal so groß wie der Sueskanal ist, wird jährlich von der annähernd gleichen Menge an Wasser durchflossen wie die Themse bei London. Die Länge des durch ihn versorgten Kanalnetzes beträgt etwa 75.000 km und es werden etwa 2.1 Millionen Hektar Land bewässert, wobei die volle Kapazität von rund 3,6 Millionen Hektar noch nicht einmal ausgeschöpft wird. (Rahman, 1967, S. 263). Im Jahre 1947, dem Unabhängigkeitsjahr, noch vor der Fertigstellung des *Kotri* Damms, konnte man auf eine ganzjährig durch Wehre und Dämme mit Wasser versorgte Fläche von circa 11 Millionen Hektar blicken, die während der britischen Herrschaft geschaffen wurde. Die Fläche, die noch Flutkanalbewässerung nutzte und somit nur saisonal mit Wasser versorgt war, betrug nichts desto trotz noch 2,4 Millionen Hektar. (Wolff, 1996, S. 6) Nach Vollendung aller vom *Canal Department* ins Leben gerufenen Projekte konnten 1955 der Großteil der Felder im Indus-Tiefland ganzjährig bewässert und zusätzlich die Anbaufläche vergrößert werden. Im Jahre 1962 war dann fast das komplette Bewässerungssystem im Indus-Tiefland durch Wehre und Dämme kontrolliert. Das System der Bewässerung, sowie die eben genannten Kanäle und Dämme in Pakistan können in Abbildung 6 gesehen werden.

**Abbildung 7: Lage und Verteilung der Staudämme und Kanäle in Pakistan**

(Verändert nach http://www.aboutcivil.com/irrigation-map-pakistan.PNG
Stand 16.02.2010)

Aus historischer Sicht verzeichnet die Geschichte der Bewässerung im Indus-Tiefland, neben dem Eingreifen der Briten, noch einen weiteren markanten Einschnitt. Mit der Widerstands- und Freiheitsbewegung Indiens während und nach dem zweiten Weltkrieg und dem daraus resultierenden Abzug der britischen Kolonialmacht sowie der Unabhängigkeit, kam auch die Teilung des kolonialen Indiens in West-Pakistan, Indien und Ost-Pakistan. Ein Überblick über den indischen Subkontinent mit den heute souveränen Staaten Pakistan, Indien und Bangladesch kann in Abbildung 8 gesehen werden.

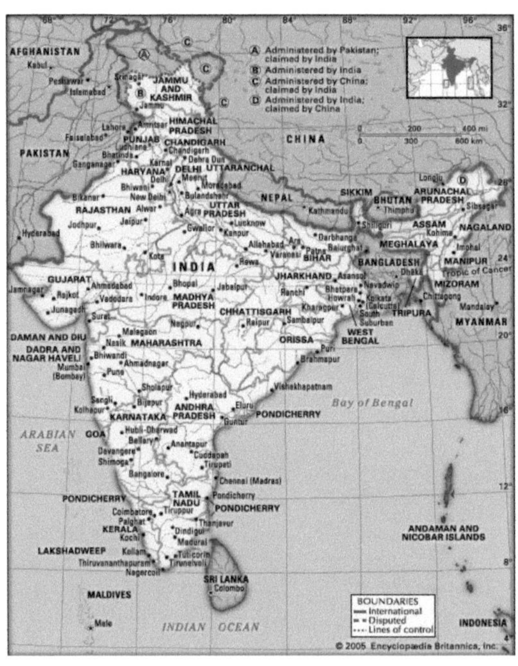

**Abbildung 8: Der indische Subkontinent mit den Staaten Pakistan, Indien und Bangladesch**

(Britannica 2010, Indien, 2010)

Bei dieser Teilung wurden selbstverständlich auch neue politische Grenzen gezogen, bei deren Schaffung allerdings keine Rücksicht auf Flüsse Kanäle und Bewässerungssysteme, wie das des Indus-Tieflandes, genommen wurde. Diese Grenzen teilten das Bewässerungsgebiet im Indus-Tiefland in Ost und West auf und hatten Auswirkungen auf eine Bewässerungsfläche von 263.055 Millionen Hektar. (CENTRAL BOARD OF IRRIGATION AND POWER, 1992, S. 67) Da das Bewässerungssystem hier aber schon lange vor der Trennung Pakistans und Indiens als einheitliches System erschaffen wurde und zu diesem Zeitpunkt bereits 10,5 Millionen Hektar landwirtschaftliche Nutzfläche bewässerte, konnte es nun nur unter enormen politischen, wirtschaftlichen und ingenieurtechnischen Mühen getrennt werden.(Kreutzmann, 1998, S. 409 - 410) Während dieser Zeit wurde die agrarwirtschaftliche Entwicklung der betroffenen Regionen massiv durch den Mangel an nutzbarem Wasser und den daraus entstandenen Unsicherheiten beeinträchtigt. (Kreutzmann, 1998, S. 409 - 410)

Eines der größten Probleme jedoch bestand darin, dass durch die Vernetzung des Bewässerungssystems über die zahlreichen Kanäle, teilweise die Kopfleitwerke und die durch sie bewässerten Felder nach der Teilung in unterschiedlichen Ländern lagen. Ein Beispiel hierzu kann der *Upper Bari Doab Canal* sein, dessen Kopfleitwerk in Indien blieb, während die daraus profitierende Bewässerungsfläche ein Teil Pakistans wurde. Dies hatte zur Folge, dass der Betrieb betroffener Kopfleitwerke auf beiden Seiten eingestellt wurde und somit zwischen 2.466 und 3.083 Millionenen Kubikmetern (20 – 25 million acre feet) Wasser in den Flussbetten versickerten oder verdunsteten. Dazu kam selbstverständlich noch der viel erheblichere Verlust des Wassers, welches ungenützt in das Arabische Meer floss. Hierbei handelte es sich um die etwa dreifache Menge des versickerten oder verdunsteten Wassers; circa 9.248 Millionen Kubikmeter (75 million acre feet) Man kann also sehen, dass von den 207.144 Millionen Kubikmetern Wasser (168 million acre feet) lediglich 87.543 Millionen Kubikmeter (71 million acre feet) genutzt wurden. Davon gingen 88% nach Pakistan und lediglich 12% nach Indien. (CENTRAL BOARD OF IRRIGATION AND POWER, 1992, S. 67 – 68) Ursprünglich waren die oben genannten Kanäle zwischen den Flüssen angelegt worden, um „Abflussspitzen zu nivellieren und ein ausreichendes Wasserdargebot in den Kanalkolonien zu gewährleisten." (Kreutzmann, 1998, S. 409) Zwischen der Trennung der beiden Staaten und dem Beilegen des Wasserkonflikts jedoch, wurden viele Kanäle weder genutzt noch in Stand gehalten. Dadurch trug der schlechte Zustand der Kanäle zum einen zusätzlich zur Versickerung und Verdunstung bei und verschlechterte das Wasserangebot in den von Bewässerung abhängigen Regionen des Tieflandes. Desweiteren wurde während der Zeit der Schneeschmelzen in den Bergen und des Monsuns der Wasserüberfluss nicht von den Kanälen in Gebiete mit weniger Niederschlag oder geringerem Wasserstand in den Flüssen geleitet.

Dadurch kam es gebietsweise zu starken Überschwemmungen. (CENTRAL BOARD OF IRRIGATION AND POWER, 1992, S. 67 – 74)

Die Probleme im Indus-Tiefland waren so brisant, dass sich sogar Staatsmänner aus fremden Ländern für die Probleme der 46 Millionen Bewohner der betroffenen Regionen interessierten. 1951 schrieb der Amerikaner David Lilienthal einen Artikel im *Colliers Magazine*, in dem er die Weltbank aufforderte, sich des Konflikts anzunehmen und brachte selbst Lösungsvorschläge.

Nach Zwölf Jahren konnte der Streit um das Wasser des Indus am 19. September 1960 in Karachi mit Hilfe der Weltbank als Vermittler durch den Indus-Wasservertrag beigelegt werden. In diesem Vertrag wurde festgelegt, dass die östlichen drei Flüsse, Sutlej, Ravi und Beas von nun an ausschließlich Indien und die drei westlichen Flüsse Indus, Chenab und Jhelum ausschließlich Pakistan zur Verfügung stehen sollten. Der Jahresabfluss der östlichen, also indischen Flüsse, war zu diesem Zeitpunkt etwa 40.704,84 Millionen Kubikmeter pro Jahr. Im Vergleich dazu war der Abfluss der westlichen, pakistanischen Flüsse mehr als viermal so hoch. 166.519,8 Kubikmeter pro Jahr flossen in Indus, Jhelum und Chenab. Auf Grund der neuen Situation musste Pakistan besonders in den Provinzen Punjab und Sind neue Kanäle anlegen, um die Regionen, die bisher aus dem jetzigen Indien bewässert wurden, ebenfalls mit Wasser zu versorgen. (CENTRAL BOARD OF IRRIGATION AND POWER, 1992, S. 67 – 68) Wie schon erwähnt sollte hierbei Verbindungskanäle erstellt werden, die

> Wasser aus dem Indus  sowie aus dem Jhelum und Chenab im W in die östlichen Partien des Punjab bringen sollen, so dass nun das Wasser von Ravi und Sutlej seinerseits ausschließlich für Indien zur Verfügung stehen kann. (Dettmann, 1972, S. 327)

Um Pakistan jedoch eine Chance zu geben, die nötigen Umstellungen, Neubauten und Reparaturen vorzunehmen, wurde eine zehnjährige Übergangsphase ausgehandelt, in der Pakistan noch Wasser aus den östlichen Flüssen entnehmen durfte, deren Quantität allerdings, wie im Vertrag vereinbart von Jahr zu Jahr weniger wurde. Außer dem sowieso notwendigen Ausbau der Kanäle musste sich Pakistan zu weiteren Großprojekten verpflichten. Sowohl der Bau des Mangla-Damms (1967), als auch der des Tarbela-Damms (1976) waren weitere Maßnahmen zur Verbesserung der Bewässerungssituation im Indus-Tiefland. Beide Projekte wurden als Mehrzweckprojekte gebaut, die zum einen den Wasserhaushalt regulieren und jahreszeitliche Engpässe überbrücken sollte und zum anderen zur Stromerzeugung dienten. Dieser Strom wiederum wurde zum Betreiben der benötigten Tiefenbrunnen gebraucht, von denen noch die Rede sein wird. (Dettmann, 1972, S. 328) In Abbildung 9 kann die Lage der eben genannten Dämme im pakistanischen Punjab gesehen werden.

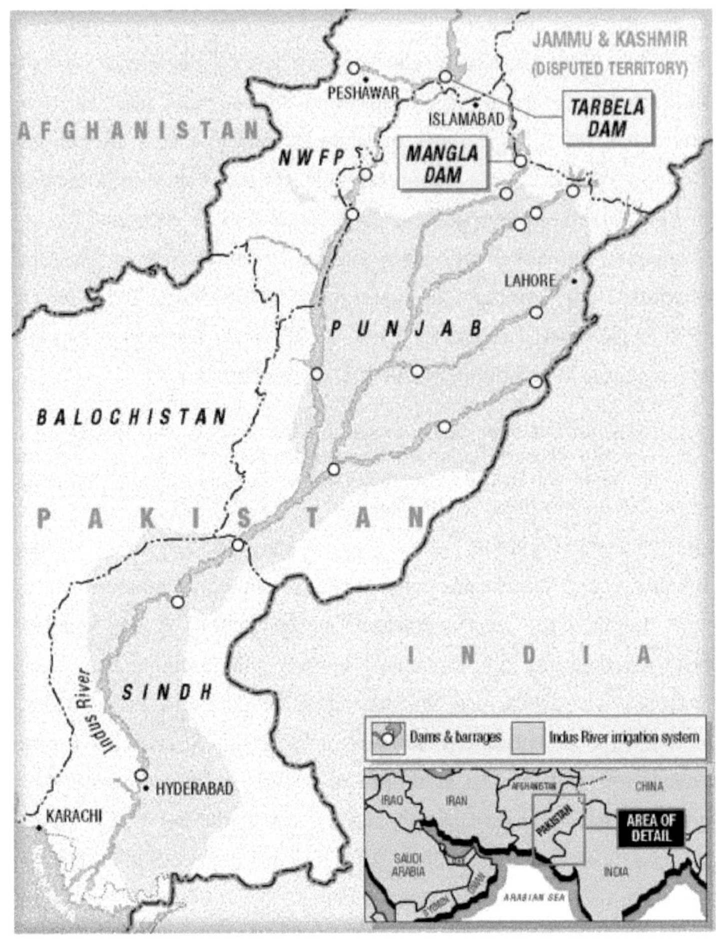


Abbildung 9: Lage des Tarbela und Mangla Damms

(http://academic.evergreen.edu/g/grossmaz/OFORIAA/IMAGES/IndusRiver.jpg
Stand 17.02.2010)

1966 musste Pakistan noch „die Rekordmenge von 1,6 Mio t.
Getreide" (Mullick, 1972, S. 332) importieren, um seine Bevölkerung
ausreichend ernähren zu können. Doch schon drei Jahre später
exportierte Pakistan rund 1 Million Tonnen Weizen und Reis. Zu
diesem bemerkenswerten Anstieg der Produktion kam es auf Grund
der sogenannten *Grünen Revolution.*

1960 wurde zum ersten Mal der Versuch gestartet durch die
Aussaat von mexikanischen Weizen höhere Erträge zu erzielen.
Dieses Projekt verlief zwar erfolgreich, wurde aber erst auf Grund der
Drohung der Vereinigten Staaten, den Import vom Getreide
einzustellen, falls es im Indo-Pakistanischen Konflikt nicht zu einer
Einigung kommen würde, wieder aufgefasst. So entschied sich die
pakistanische Regierung 1967/68 zum Kauf der Rekordmenge von
42.000 Tonnen des mexikanischen Saatgutes.

Zusätzlich zu verbessertem Saatgut wurde den Bauern auch
der Zugang zu chemischen Dünge- und Pflanzenschutzmitteln wie
auch zu mechanischen Hilfsmitteln ermöglicht. Auch die extensive
Nutzung des immer besser werdenden Bewässerungssystems trug
zu diesem Sprung bei. Der Nahrungsmittelproduktion wurde eine so
wichtige Rolle zugeordnet, die nur von der nationalen Verteidigung
übertroffen wurde. Dies lässt besonders daran erkennen, „dass nicht
einmal während religiöser Feiertage der Transport von Düngemitteln
[...] eingestellt wurde." (Mullick, 1972, S. 333) 1970 war die
Getreideproduktion gegenüber 1965 um 60 Prozent angestiegen und
die Landwirtschaftliche Produktion generell stieg im selben Zeitraum
jährlich um 8,4 Prozent, was im Vergleich zum Bevölkerungsanstieg
doppelt so viel war.

Ein diese gesamte Phase prägender Gedanke war der der
Autarkie. Da Pakistan, anders als die meisten Entwicklungsländer,

genügend Rohstoffe zur Herstellung von stickstoffhaltigem Dünger hatte, war das Ziel der Regierung, den Bedarf möglichst schnell decken zu können.

Der nötige Wasserbedarf wurde durch den zusätzlichen Bau von Tiefenbrunnen gedeckt, von denen in 6.1. noch ausführlich die Rede sein wird.

Neben den Effekten der Autarkie und des Nahrungsmittelüberschusses, traten in Folge der Grünen Revolution auch negative Folgen auf. Beispielsweise Kleinbauern mit einer Anbaufläche unter 3 Hektar, die circa 60 Prozent aller Bauern in Pakistan stellten, allerdings nur 19 Prozent der Gesamtproduktionsfläche ausmachen, hatten auf Grund von Devisenmangel kaum Zugang zu Düngemitteln oder Saatgut. Auch die sozialen Verhältnisse wurden verschärft. So geschah es nicht selten, dass Landbesitzer die Pacht erhöhten, ohne selber den Kauf von Düngemittel oder Saatgut mit zu finanzieren, gefördertes Wasser an die Pächter zu verkaufen oder gar das Pachtverhältnis zu beenden, wenn der Pächter nicht willens war, die geforderten Leistungen und Abgaben zu erbringen. (Mullick, 197, S. 336)


## 5. Die Probleme der Desertifikation in der Landwirtschaft und der Bevölkerung im Indus-Tiefland


Führten die unregulierten Kanäle der vorbritischen Zeit nur im Sommer Wasser, wenn der Wasserspiegel der Flüsse hoch genug war, was durch die Schneeschmelze in den Gebirgen wie auch die Niederschläge des Südwestmonsuns bedingt war, so können heute ganzjährig etwa 90% der landwirtschaftlichen Nutzfläche bewässert werden. (Rahman, 1967, S. 261) Auch musste man sich früher in den Wintermonaten noch mit Grundwasser aus Brunnen behelfen, was selbstverständlich heute nicht mehr der Fall ist. Die ganzjährige flächendeckende Bewässerung durch das System aus Dämmen, Wehren und Kanälen brachte einen enormen Anstieg der landwirtschaftlich produzierten Güter mit sich, wie sich schon bald herausstellen sollte allerdings auch massive Probleme und teilweise irreversible Schäden . In Abbildung 3 kann gesehen werde, wie stark die Region heute von Bodendegradation betroffen ist. Es ist zu erkennen, dass die semiariden Gebiete im Norden wesentlich weiger von Bodendegradation betroffen sind als die die im Süden. Besonders an der ariden Indusmündung sind die Böden stark von Degradation betroffen. Dies erklärt sich durch die geringe Reliefenergie wodurch die im Norden ausgewaschenen Salze hier auf Grund der niedrigen Fließgeschwindigkeit besonders viel Zeit haben an die Oberfläche zu treten zumal die Konzentration selbstverständlich auch viel höher ist als im Norden. Aber auch im Westen des Indus kann man in den ariden Gebieten Bodendegradation, wenn auch im geringeren Masse feststellen.

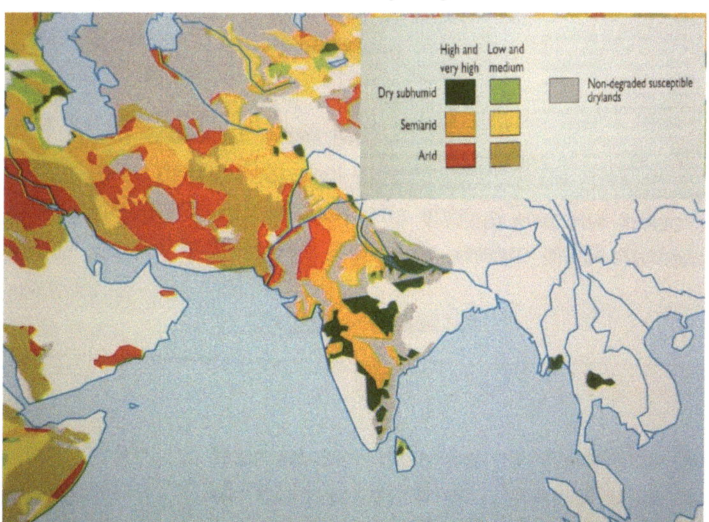


**Abbildung 10: Bodendegradation in ariden, semiariden und humiden Gegenden**

*(Verändert nach Middelton und Thomas, 1997, S. 21)*

Die beiden größten Probleme, denen sich die Bewohner des Indus-Tieflandes und die Regierung von Pakistan, beziehungsweise die *Water and Power Development Authority (WADPA)* stellen musste, sind die Versalzung und die Vernässung der Böden. Abbildung 11 und 12 zeigen die eben genannten Phänomene.

**Abbildung 10: Vernässung von landwirtschaftlicher Nutzfläche**
(http://ipcm.wisc.edu/Portals/0/Blog/Files/17/552/floodedsoybeanfield01.jpg
Stand 17.02.2010)

Abbildung 11: Versalzung von landwirtschaftlicher Nutzfläche
(http://ipcm.wisc.edu/Portals/0/Blog/Files/17/552/floodedsoybeanfield01.jpg
Stand 17:02.2010)

Die WADPA ist für die Regulierung und Instandhaltung der Bewässerungssysteme wie auch für die damit verbundene Stromgewinnung zuständig und mit 170.000 der größte Arbeitgeber Pakistans nach der Armee. (Kreutzmann, 1998, S. 410)

## 5.1. Vernässung

Das Problem der Vernässung oder Versumpfung (waterlogging) basiert auf der Tatsache des stetigen Anstiegs des Grundwasserspiegels, welcher schließlich die Oberfläche und damit die Felder erreicht. Dies geschah zum einen durch die langjährige Nutzung der nach unten nur schlecht oder gar nicht abgedichteten Kanäle, in denen erhebliche Mengen an Wasser auf ihrem kilometerlnagen Weg auf die Felder ungenutzt versickerten und zum anderen durch den erhöhten Wasserverbrauch auf den Feldern. Auf Grund der gegebenen Möglichkeit durch die ganzjährige Versorgung mit Wasser zwei Ernten pro Jahr einzufahren, kam es auch noch durch die Bewässerung auf den Feldern zu einem zusätzlichen Anstieg des Grundwasserspiegels. (Kreutzmann, 1998, S.412) Weitere Faktoren sind der Anbau von Feldfrüchten auf stark durchlässigem Boden, die nicht vorhandene oder unsachgemäße Instandhaltung des Drainagesystems, die Verstopfung der natürlichen Drainage durch den Bau von Straßen und Häusern oder andere bodenverdichtenden Maßnahmen sowie auch ineffizienter Entsorgung von Überschusswasser. (http://www.pakistan.gov.pk/divisions/environment-division/media/Chapter_2_napchp.pdf)


## 5.2. Versalzung


Das direkt damit zusammenhängende Problem der Versalzung entsteht im Indus-Tiefland einmal primär, das heißt auf natürlichem Wege, aber auch sekundär, durch den Menschen verursacht. Primäre Versalzung entsteht, wenn die Evapotranspiration den Niederschlag überschreitet und somit das Auswaschen und der Abtransport von Salzen ins Meer nicht effektiv genug erfolgt. Die Niederschlags– und Evapotranspirationsverhältnisse des Indus-Tieflandes können in den Abbildungen 4 und 5 gesehen werden.

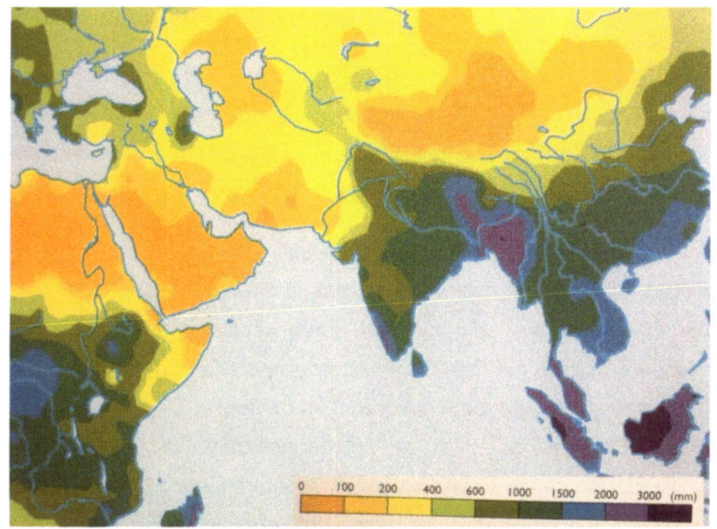

**Abbildung 12: Durchschnittlicher Jahresniederschlag**

*(Verändert nach Middelton und Thomas, 1997, S. 2)*

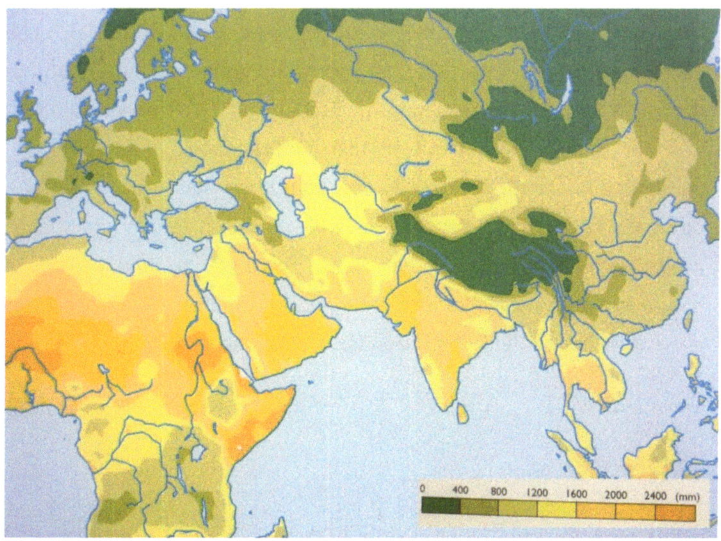

**Abbildung 13: Durchschnittliche potentielle Evapotranspiration**

*(Verändert nach Middelton und Thomas, 1997, S. 4)*

Es ist auf den beiden Abbildungen deutlich zu erkennen, dass die potentielle Evapotranspiration mit ca. 1800 mm den Niederschlag mit ca. 200 - 300 mm um ein Vielfaches überschreitet und somit die primäre Versalzung stark begünstigt.

Sekundäre Versalzung tritt auf, wenn der Grundwasserspiegel zwar hoch ist, das Grundwasser jedoch nicht an die Oberfläche tritt. Hierbei wird durch kapillares Aufsteigen des Wassers Salz an die Oberfläche oder in oberflächennahe Schichten geführt, die dann zur Bodendegradation beitragen. Das paradoxe an dieser Situation ist, dass in Trockengebieten, wie dem Indus-Tiefland, gerade die Bewässerung in Zusammenhang mit schlechter Drainage und die daraus resultierende Vernässung zur Versalzung der Böden führen. Wenn dem Boden mehr Wasser zugeführt wird, als die Pflanzen verbrauchen, wird der Grundwasserspiegel gehoben, wodurch abgelagerte Salze gelöst und an die Oberfläche transportiert werden. (Middleton und Thomas, 1997, S. 35 – 37) Um 1950 erreichte das Probleme der Versalzung ein enormes Ausmaß, als im Punjab 28 Prozent und im Sind sogar 74 Prozent betroffen und für die Landwirtschaft nahezu unbrauchbar erklärt wurden. (Kreutzmann, 1998, S. 413) Auch heute noch stellt die Versalzung ein massives Problem für die Landwirtschaft der Region dar, wie es in Abbildung 6 gesehen werden kann. Es ist klar zu erkennen, dass besonders die Indusmündung sehr stark von Versalzung betroffen ist, diese aber auch im restlichen Indus-Tiefland anzutreffen ist.

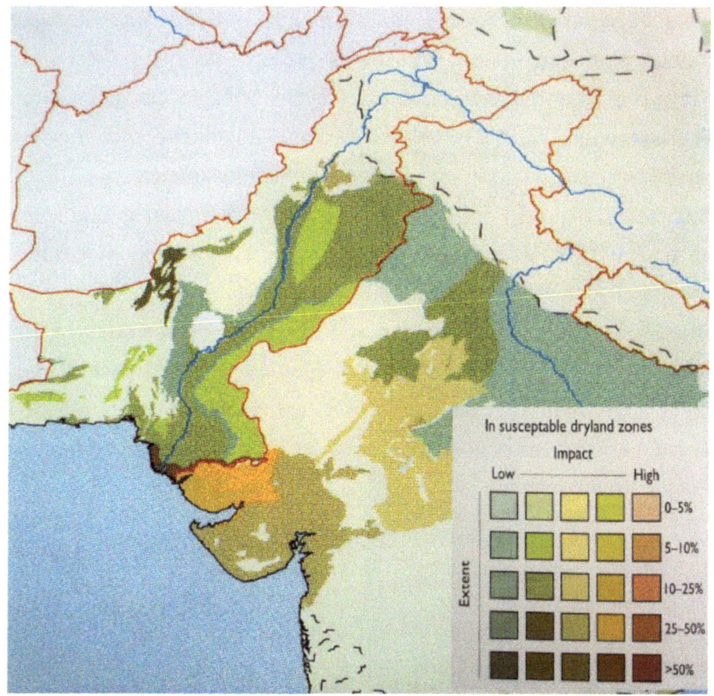

**Abbildung 14: Versalzung in für Desertifikation empfänglichen Gebieten**

*(Verändert nach Middelton und Thomas, 1997, S. 88)*

## 5.3. Sedimentierung der Kanäle und Staubecken

Abgesehen von den beiden oben genannten Problemen treten im Indus-Tiefland auch noch weitere Schwierigkeiten auf. Zunächst sei erwähnt, dass „der Indus und seine  Nebenflüsse durch hohe Sedimentfracht gekennzeichnet" (Wolff, 1996, S. 14) sind. Ursprünglich war das Zuleitersystem der Kanäle so ausgerichtet, dass die Schwebstoffe bis auf die Felder transportiert wurden und sich dort ablagerten. Allerdings kommt es heute trotzdem noch „zu beachtlichen Sedimentablagerungen im Zuleitersystem, teilweise in der Größenordnung von 0,50 – 1,00m im Zeitraum einiger weniger Jahre." (Wolff, 1996, S. 14) Diese können auf mangelhafte

Instandhaltung der Kanäle zurückgeführt werden. Das Resultat daraus sind zum einen Wassermangel und daraus entstehende Ertragsverluste aber auch das risikoreiche Erhöhen der geförderten Wassermenge, welches die Gefahr von Kanaldammbrüchen stark ansteigen lässt. Auch in den Stauwehren sammeln sich zunehmend Sedimente, die das Fassungsvermögen stark beeinflussen und somit im schlimmsten Fall zu Wasserknappheit und Dürren führen können. Dieses Problem bietet wiederum den Nährboden für soziale Probleme. So nutzen einige den angestiegenen Wasserstand in den Kanälen dazu, mehr Wasser zu entnehmen als sie eigentlich dürfen, da ja augenscheinlich ein Überschuss vorhanden ist. Hier bedienen sich Oberlieger eindeutig auf Kosten der Unterlieger die dann die Folgen tragen müssen.


## 5.4. Die Verschmutzung des Wassers


Zusätzlich zu den eben genannten Problemen, lässt sich feststellen, dass sowohl die Ableitung von Abwässern in die Bewässerungskanäle, wie auch das Entsorgen von Müll eine massive Bedrohung für Mensch und Natur darstellen. (Wolff, 1996, S. 15) Sowohl Siedlungsabfälle, wie bei der Tierhaltung entstandene Abfälle werden über die Be- und Entwässerungskanäle entsorgt, so dass Wolff schreibt "dass sie den Namen Bewässerungskanäle nicht mehr verdienen sondern als Abwasserkanäle oder gar als Mülldeponien zu bezeichnen sind." (Wolff, 1996, S. 15) wie es in Abbildung 15 gesehen werden kann.

**Abbildung 15: Verunreinigter Bewässerungskanal**

(Verändert nach http://www.nicole-scherschun.com/wp-content/uploads/2007/07/Kanal.jpg Stand 17.02.2010)

Hinzu kommt desweiteren, dass auch Industrielle Abfälle durch das System in gesteigertem Maße entsorgt werden. Die Konsequenzen für die Unterlieger, die oft ihren Trink- und Brauchwasserbedarf aus den Kanälen decken, die Böden der Felder und das Grundwasser sind nicht abzusehen. (Wolff, 1996, S. 15)

Ebenfalls erwähnenswert sind die sozialen Probleme, welche, ähnlich wie bei der *Grünen Revolution*, durch die Bekämpfung von Versalzung und Vernässung entstanden sind. Wie in 6.1. noch ausführlich beschrieben, wurden hierbei Tiefenbrunnen gegraben, die den Grundwasserspiegel senken und weiteres Wasser für die Landwirtschaft zu gewinnen. Jedoch wurde nicht bedacht, welche Folge der private Bau von Tiefenbrunnen nach sich zieht und das alleine schon sehr nachteilige Pachtsystem noch zusätzlich verschlechtern sollte. Die Ausgangssituation war, dass 41,7 Prozent der gesamten „landwirtschaftlichen Betriebe reine Pachtbetriebe" (Dettmann, 1972, S. 325) waren. Hierbei gingen die Erträge meist zu gleichen Teilen an Pächter und Landbesitzer. Auch die Einsetzung von Zwischenpächtern, wodurch der Ertrag für den eigentlichen Landwirt noch weiter geschmälert wurde, war keine ungewöhnliche Situation. Zusätzlich kam die Tatsache, dass die Pächter selbstverständlich nicht wohlhabend genug waren um eigene Brunnen zu graben, geschweige denn diesen mit einer Elektro- oder Dieselpumpe zu betreiben und somit auf die Hilfe der Landbesitzer angewiesen waren. Diese sahen hier allerdings die Chance eine zusätzliche wertvolle Kapitalanlage zu erstehen, was den Erfolg hatte, dass das geförderte Wasser von den Pächtern gekauft oder gegen entsprechende Anteile der Ernte getauscht werden musste. Das privat geförderte Wasser ist ganz im Gegensatz zu den staatlichen Kanälen oder Brunnen, „zu einem wichtigem, frei handelbaren Produktionsfaktor im Sinne des Bobekschen Rentenkapitalismus geworden." (Dettmann, 1972, S.329)

Um die Probleme der Versalzung und Vernässung in den Griff zu bekommen, wurden 1956 die ersten *Salinity Control and Reclamation Projects (SCARP)* durch die WAPDA in Angriff genommen. Hierbei wurde über einen Zeitraum von sieben Jahren, bis 1963, bei *Lahore* in *Punjab,* in der *Rechna Doab* Region, eine Fläche von 0,5 Millionen Hektar gezielt von Vernässung befreit. Es wurden in dieser Region mehr als 2.000 Tiefenbrunnen gegraben, um den Grundwasserspiegel zu senken, um damit wieder eine Luftzuführ in den Boden zu gewährleisten und um mehr Wasser für die Landwirtschaft zu fördern. Weitere 11.000 Brunnen mit einer Förderkapazität zwischen 60 und 150 Litern pro Sekunde sollten in den Jahren zwischen 1963 und 1985 noch folgen (Kreutzmann, 1998, S. 412). Gleichzeitig wurden diese Brunnen mit dementsprechenden Diesel- oder Elektromotoren ausgestattet, die den Landwirten zur freien Verfügung standen. Circa 360.000 Hektar Land hatten 1959 noch einen Grundwasserspiegel der höher als drei Meter lag, Doch bis 1977/78 gelang es diesen Wert auch auf nur mehr 160.000 Hektar zu senken. Die damit verbundene Rückgewinnung des versumpften Landes ist nun eine der wichtigsten Aufgaben der Region. Dieses Ziel sollte durch den Bau von Entwässerungsanlagen, Tiefenbrunnen und Drainagesystemen bewerkstelligt werden. In den pakistanischen Provinzen Punjab und Sind, die im Indus-Tiefland den größten Teil der Bewässerten und damit auch der von Versalzung und Vernässung betroffenen Landes stellen, sollten in den 1980er Jahren 10 beziehungsweise 16 Rekultivierungsprojekte anlaufen. Im Punjab und im Sind werden vorrangig Tiefenbrunnen und verbesserte Entwässerungssysteme zur Absenkung des Grundwasserspiegels gesetzt. Zusammen Umfassen die Programme „den Bau von 31.500 Rohrbrunnen, 12.000 km Entwässerungsgräben, Pumphäusern und andere

Installationen." (Rahman, 1967, S. 264)  Dies wurde vornehmlich in Regionen getan, in denen die Bodendegradation schon so weit vorangeschritten war, dass nur noch in äußerst eingeschränktem Maße, oder auch gar nicht mehr, Landwirtschaft betrieben werden konnte. (Dettmann, 1972, S. 327) Das durch die Tiefenbrunnen abgepumpte Wasser ist meist stark salzhaltig „und wird mittels ober- oder unterirdischer Dränageröhren fortgeführt." (Dettmann, 1972, S. 327)

Ebenso wichtig wie die staatlich gebauten großen Tiefenbrunnen sind die vielen kleinen, privat finanzierten und errichteten Brunnen. Diese wurden vor allem dort errichtet, wo die Bodendegradation durch Versalzung und Vernässung noch nicht so weit fortgeschritten war.  Für die privaten Tiefenbrunnen war zunächst die zusätzliche Wasserbeschaffung von größerer Bedeutung, als das Absenken des Grundwassers. Wie eingangs schon erwähnt, war das geförderte Wasser stark salzhaltig und wurde deswegen von den Landwirten mit Kanalwasser gemischt, um die Salzkonzentration herabzusetzen. Die Anzahl der privaten Brunnen überschritt die staatlich erbauten fast um das Zehnfache. So wurden 1968 etwa 59.000 private und lediglich 6.400 staatliche Brunnen erfasst  (Dettmann, 1972, S. 327) und zwischen 1963 und 1985 insgesamt 373.000 Brunnen mit einer Förderkapazität von circa 30 Liter pro Sekunde. Heute entstammt fast die Hälfte des zur Bewässerung verwendeten Wassers aus Pumpbrunnen. (Kreutzmann, 1998, S. 412) Trotz aller Bemühungen der Versalzung und Vernässung entgegen zu wirken, verlieren die beiden Regionen heute trotzdem noch jährlich um die 40.00 Hektar an landwirtschaftlicher Nutzfläche. (Dettmann, 1972, S. 326)

Zusammenfassend lässt sich sagen, dass die Vorbeugung gegen die eben genannten Probleme wesentlich einfacher und kostengünstiger ist, als die nachträglichen Maßnahmen zur Eindämmung. Eine Aufklärung der Wassernutzer, Landwirte und der Verpächter der Nutzfläche beziehungsweise der Brunnenbesitzer wäre dringend erforderlich. (Wolff, 1996, S. 18-20)

## 6.2. Maßnahmen gegen die Sedimentierung der Kanäle und Dämmbecken

Maßnahmen gegen die Sedimentierung der Kanäle, die somit für ein Bestehen des Gerechtigkeitsprinzips der Wasserversorgung sorgen würden, können leider bis heute nicht erkannt werden. Zwar wird die Verschlammung und deren Folgen von der WAPDA wahrgenommen, allerdings sieht sich diese lediglich für den Betreib, nicht jedoch für die Instandhaltung zuständig (Wolff, 1996, S. 10) Diese nicht vorhandene Instandhaltung des Systems zeigt sich besonders darin, dass ein „Zusammenbruch der Betriebssicherheit und der -verlässlichkeit [...] auf allen Ebenen des Bewässerungssystems" zu erkennen ist. Grundsätzlich ist sich die pakistanische Regierung auf Grund eines Berichts der *National Commission on Sustainable Irrigated Agriculture* darüber im Klaren, dass Änderungen des Systems notwendig sind. Allerdings fehlt es noch an konkreten Umsetzungszielen. (Wolff, 1996, S. 15)

Da es leider zu Ausmaß und Auswirkung der Verschmutzung des Wassers noch keine genaueren Untersuchungen gibt und die Ernährung der Bevölkerung in der Region des Indus-Tieflandes eindeutig Vorrang hat, wurden laut Wolff hier noch keine Anstrengungen Unternommen dieses Problem zu klären. „Entsprechende [...] Wasserschutzmaßnahmen werden von den Fachleuten zwar gefordert, die praktische Umsetzung entsprechender Maßnahmen lässt aber auf sich warten." (Wolff, 1996, S. 17)

## 6.4. Vorschläge zur Verbesserung der sozialen Ungerechtigkeiten des Pachtsystems

Um die sozialen Verhältnisse zu ändern, müsste man laut Mullick eine neue Landreform durchführen, in der die Grenzen für die Betriebsgröße wie auch die Pachtverhältnisse klar bestimmt sind. Auch müsste die Versorgung mit Pflanzenschutzmitteln, Dünger und auch Beratungsstellen so gestaltet sein, dass auch Kleinbauern Zugriff darauf haben. (Mullick, 1972, S. 337) Desweiteren sollte die pakistanische Regierung die Kleinbauern ermutigen „verschiedene Typen der Kooperation bei Produktion, Marketing Verbrauchsorganisation sowie gemeinsamer Nutzung von Maschinen und Wasser zu bilden." (Mullick, 1972, S. 337)

Abschließend kann man feststellen, dass die Menschen im Indus-Tiefland schon immer gegen die ariden Verhältnisse der Region kämpfen mussten, um Landwirtschaft zu betreiben. Schon seit jeher wurde das Land deswegen bewässert um den Ertrag zu Erhöhen und mehrfache Ernten pro Jahr möglich zu machen. Die Eingriffe der britischen Kolonialmacht hatten eine einschneidende Wirkung auf die landwirtschaftliche Produktion, aber auch auf die daraus resultierenden Auswirkungen auf die Natur. Nach dem Ende der britischen Herrschaft und der Teilung Indiens wuchs die landwirtschaftliche Produktionsmenge durch die Grüne Revolution zwar an, mit ihr aber auch der Grad an Desertifikation, welcher an der zunehmenden Versalzung und Vernässung der Böden gesehen werden kann. Leider ist es den offiziellen Stellen bis heute noch nicht gelungen, effektiv gegen diese Probleme vorzugehen, wobei Versuche und kleinere Teilerfolge, wie zum Beispiel der vermehrte Tiefenbrunnenbau zur Absenkung des Grundwasserspiegels, anerkannt werden müssen.

# Bibliographie

**Monographien:**

**Central Board of Irrigation and Power** (1992): Central Board of Irrigation, Neu Delhi

**Malik A.** (1988): Agricultural Development in Pakistan. Social Sciences and Humanities Press, Toronto

**Middleton N. und David T.** (1997): World Atlas of Desertifikation. Arnold Verlag, London

**Rahman M.** (1988): Agriculture in Pakistan. Akadémiai Kidadó, Budapest

**Whitehead E. et al.** (1985): Arid Lands. Westview Press, Boulder

**Wolff P., Prof. Dr.** (1996): Bewässerungsprobleme am Indus/eindrücke und Erkenntnisse eines Besuchs in Pakistan. Universität Gesamthochschule Kassel, Witzenhausen

**Zeitschriften:**

**Dettmann K.** (1972): Pakistans Ackerbau. In: Geographische Rundschau, Band 24, Heft 8, Seiten 321 – 331, Westermann, Braunschweig

**Kreutzmann H.** (1998): Wasser aus Hochasien. Geographische Rundschau, Band 50, Heft 7/8, Seiten 407 - 413, Westermann, Braunschweig

**Mensching H.** (1993): Die globale Desertifikation als Umweltproblem. Geographische Rundschau, Band 45, Heft 6, Seiten 360 – 365, Westermann, Braunschweig

**Mullick H.** (1972): Die Grüne Revolution. Geographische Rundschau, Band 24, Heft 8, Seiten 332 – 337, Westermann, Braunschweig

**Rahman M.** (1967): Probleme der Be- und Entwässerung, Versalzung und Vernässung im Sind. In: Geographische Rundschau, Band 23, Heft 7, Seiten 261 – 265, Westermann, Braunschweig


**<u>Enzyklopädien:</u>**

**Enzyclopaedia Britannica** (2010)


**<u>Internetquellen</u>**

http://www.stimson.org/southasia/?sn=sa20020116300

letzter Zugriff  13.01.2010

http://www.aboutcivil.com/irrigation-map-pakistan.PNG

 letzter Zugriff  16.02.2010

http://www.pakistan.gov.pk/divisions/environment-division/media/Chapter_2_napchp.pdf

letzer Zugriff  15.01.2010

http://www.internationalhydropolitics.com/

letzter Zugriff 16.02.2010

http://www.wigmore-pri.hereford.sch.uk/images/Shaduf10.jpg

letzter Zugriff 16.02.2010

http://academic.evergreen.edu/g/grossmaz/OFORIAA/IMAGES/Indus River.jpg

letzter Zugriff  17.02.2010


http://www.aboutcivil.com/irrigation-map-pakistan.PNG

letzter Zugriff  16.02.2010

http://commons.wikimedia.org/wiki/File:Qanat-3.svg

letzter Zugriff  16.02.2010

http://ipcm.wisc.edu/Portals/0/Blog/Files/17/552/floodedsoybeanfield 01.jpg

letzter Zugriff  17.02.2010

http://ipcm.wisc.edu/Portals/0/Blog/Files/17/552/floodedsoybeanfield 01.jpg

letzter Zugriff  17.02.2010

http://www.nicole-scherschun.com/wp-content/uploads/2007/07/Kanal.jpg

letzter Zugriff  17.02.2010